Christof Leistl

Enzian

Impressum

Fotografie: Kleinbild, Mittelformat

Filmmaterial: ISO 100 - 3200

Fotosatz: Linotype

Reproduktion: Hell Chromagraph DC 380 T

Andruck: Chromalinverfahren

Papier: Doppelt gestrichenes Bilderdruckpapier mit erhöhtem Volumen, Naturpapier

Bindung und Prägung: Göttermann

Idee, Konzept, Organisation, Gestaltung, Fotografie, Herstellung und Produktion: Christof Leistl

Herrn Baierl, dem Geschäftsführer der Enzianbrennerei Grassl,

Luise Kinseher, Hermann Bernhard, Dr. Michael Farin, Prof. Dr. Schmidt und Kurt Lehr

danke ich für Ihre Beiträge zur Vollendung dieses Buchprojektes

Originalausgabe

Weitere, im belleville Verlag veröffentlichte Bücher von Christof Leistl:

Werkstattkino ISBN 3-923646-32-1

Belfast ISBN 3-923646-56-9

Bruxelles ISBN 3-923646-57-7

Fraunhofer ISBN 3-923646-65-8

Käptn Schlimmi schifft ins All ISBN 3-923646-63-1

Originalausgabe

Christof Leistl

Enzian

Mit einem geschichtlichen Text zur Berchtesgadener Familie Grassl, den Wirtsleuten und Bauern, Musikanten und Enzianbrennern.

belleville
ISBN 3-923646 - 64 - X

Christof Leistl

Enzian

belleville
ISBN 3-923646 - 64 - X

Wer im Sommer oder im Herbst über die Almen
und Höhenrücken der Berchtesgadener Berge wandert,
findet sich vielleicht plötzlich in einem alpinen Almwiesengelände,
mitten unter blühenden Enzianpflanzen verschiedenster Art und Farbe.
Und wenn der Wanderer gerade an einer der vier Brennhütten
der Enzianbrennerei Grassl vorbeikommt,
kann er mit einigem Glück die Verarbeitung der Enzianwurzeln
zu Enziandestillat besichtigen, und sicherlich erhält er dann
vom Brennmeister eine Kostprobe dieser würzigen,
bayerischen Spezialität. Naturgemäß erregt so ein seltenes Gewerbe,
das noch auf derart urtümliche Weise ausgeübt wird, die Neugierde des Besuchers ...

Im Berchtesgadener Land

Erneut machte sich der Wanderer auf den Weg.
Hier unten in Berchtesgaden hatte er sich gestärkt,
in seinen Rucksack frischen Speck und einen Kanten Brot gepackt
und stieg nun - noch bevor die Sonne über den Berggipfeln aufgegangen war -
Richtung Gotzenalm ins Hagengebirge hinauf.
Freilich - es waren schöne Tage gewesen, die er unten im Markt verbracht hatte,
die Menschen verstehen es zu feiern, und die gestrige Fahnenweihe
mit dem ausgelassenen Tanz, die zünftigen Jodler, die schönen Trachten
der herausgeputzten Männer, Frauen und Kinder, belebten nachhaltig sein Herz.
Die Leute hier mit ihrem unverfälschten Charakter hatten ihn tief ergriffen.
Noch einmal mußte er an Anna denken;
für einen kurzen Moment zögerte er, doch dann ging er entschlossen,
mit festen gleichmäßigen Schritten den schmalen Pfad entlang,
und langsam verschwand ihr Bild für immer
aus seinem Gedächtnis.

Die klare frische Luft und die satten Farben des verschwindenden Sommers
erfüllten die wildromantische Bergwelt. Ein strahlender Glanz lag
auf dem übermächtigen Gestein, das unaufhaltsam, im flirrenden Spiel
von Licht und Schatten, in die unendliche Weite des blauen Himmels ragte.
Die Natur zeigte sich in einer ihm wohlbekannten Vielfalt,
jede Blume und jeden Strauch konnte er beim Namen nennen,
kein Vogelgesang war ihm fremd, und in dem gewaltigen Rauschen der Bäume
erkannte er bewegt seine eigene Seelenmusik.
Bot sich eine schöne Aussicht ins Tal hinunter, hielt er inne,
atmete tief und dankte Gott für diesen wunderschönen Herbsttag.
Trotzdem spürte er sich wieder von einer bedingungslosen Unruhe getrieben.
Die Gedanken an den vor ihm liegenden Weg, an die Zukunft voller Ungewissheit,
waren wie immer begleitet von Angst und Lust zugleich.

Von den im Alpenraum vorkommenden Gattungen, dienen nur die folgenden vier großen Enzianarten der Branntweinerzeugung: der Purpur-Enzian, der Ungarische Enzian, der Punktierte oder Tüpfel-Enzian, jeweils mit einer Wuchshöhe von 15 - 60 cm, sowie der diese Arten mit 45 -140 cm noch weit überbietende und in Mitteleuropa am häufigsten vorkommende Gelbe Enzian.

Der Enzian

Die Bergwelt lag bereits in dem blendenden Glanz der Mittagssonne,
die alles um ihn in eine atemlose unendliche Stille tauchte,
als er auf einmal von fern ein seltsam gleichmäßiges Hämmern und Klopfen vernahm.
Es waren die Enzianbrenner, die vor ihren Hütten auf der Priesberg- oder der Wasseralm,
unterm Schottmalhorn oder an der Eckerleiten ihre Enzianwurzeln zerhackten.
Das weithin hallende Geräusch weckte ihn aus seiner melancholischen Stimmung,
und bereits hinter der nächsten Steigung erblickte er die mit Schiefern bedeckte
Brennhütte, die sich inmitten von saftigen Wiesen an einen grünen Hügel schmiegte.
Der Brenner, ein alter Mann, dessen Augen freundlich und klar aus dem Gesicht blitzten
und ihn für kurze Momente wie einen Jungen aussehen ließen,
verschmitzt und doch voller Scharfsinn, hielt kurz mit seiner schweren Arbeit ein,
als spürte er den herannahenden Fremdling, als ahnte er die Veränderung.

Branntweinhutte
1895

Die Blicke der Beiden trafen sich,
sie begrüßten sich freundlich, und als ihn der Brenner herbeiwinkte,
entschloß er sich zu einer kleinen Rast. Der schattige Platz vor der Hütte,
das frische Quellwasser und etwas Brot taten wohl in der Mittagshitze.
Er erzählte dem Brenner all die Neuigkeiten, die er im Markt unten erfahren hatte,
und schon bald versanken sie in eine solch einhellige Plauderei
als wären sie einander niemals Fremde gewesen.
Schließlich führte ihn der Brenner in das Innere der Hütte,
wo die bräunliche Maische in riesigen Gärbottichen brodelte und kochte.
Gern half er dem Brenner beim Nachschüren des Holzfeuers,
beim Zurechtrücken der Schwingdeckel und beim Umrühren der Moasch.
Eine sonderbare Faszination überkam ihn in diesem engen, niedrigen Raum.
Das wenige Licht, das durch die kleinen Fenster zu dringen vermochte,
brach sich in dem Dampf, der die gesamte Hütte mit dichten Nebel füllte,
und zeichnete mannigfaltigste Figuren und Muster.
Das Atmen in dieser Stube war berauschender als der Genuß des Gebirgsschnapses selbst,
und es war, als hätte es hier eine geheimnisvolle Macht vermocht,
die Wirklichkeit mit all ihren Nöten und Sorgen in weite Ferne zu rücken.

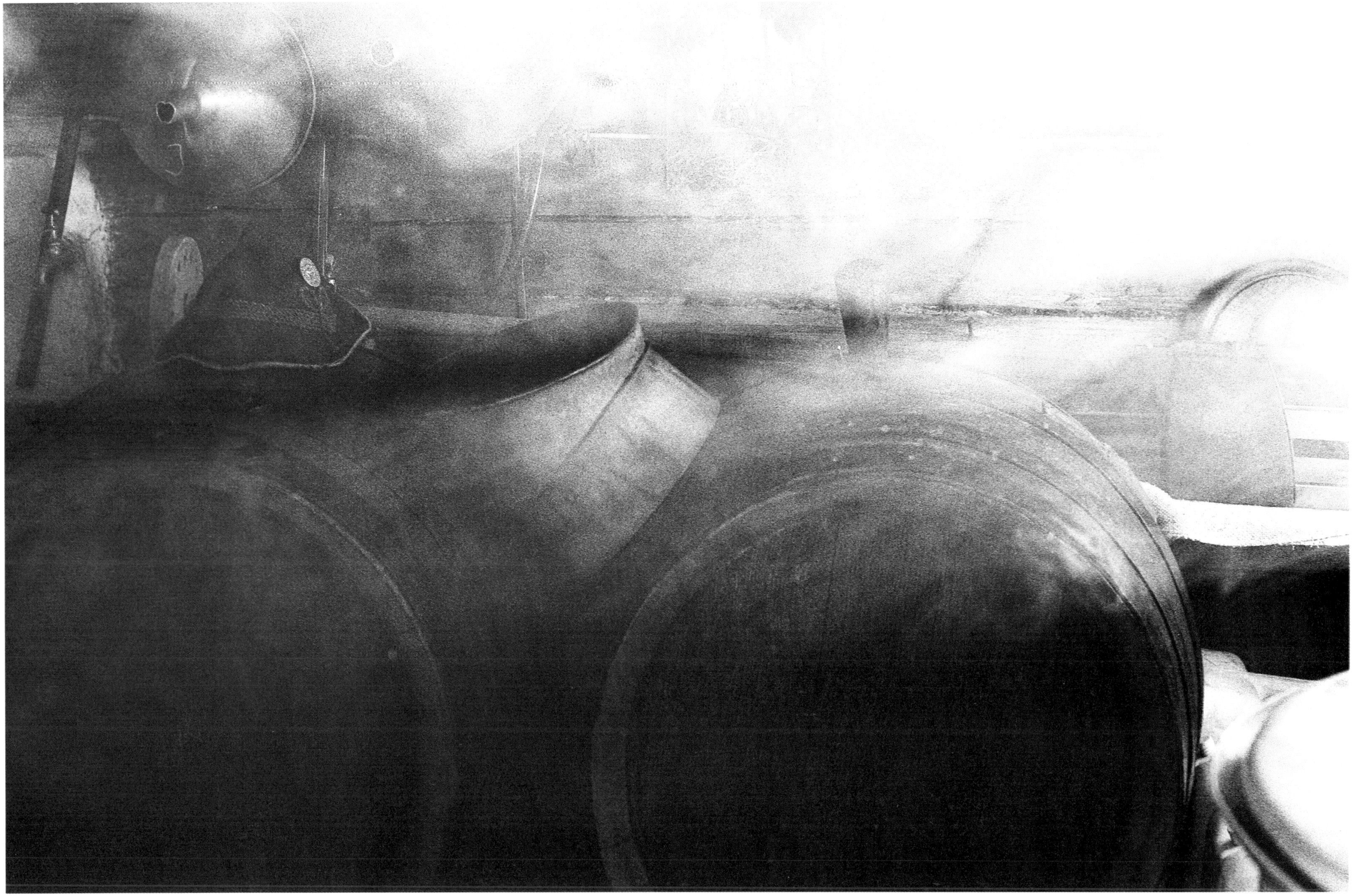

Die oft meterlangen frischen Enzianwurzeln werden kleingehackt und mit Reinzuchthefe
und frischem Bergwasser zur Maische eingerührt.
Diese Masse bleibt ca. 10 Tage bei 30 Grad C im Gärbottich,
um den Fruchtzucker in Alkohol umzuwandeln.
Nach der Vergärung erfolgt eine zweimalige Destillation.
Während der erste Brand, der sogenannte Rauhbrand,
der völligen Entgeistung der Maische dient,
bezweckt der zweite Brand,
der Feinbrand, eine Verstärkung des Alkoholgehalts sowie eine Reinigung.
Der in großen Eschenholzfässern abgefüllte Feinbrand lagert schließlich
drei bis vierJahre in Felsenkellergewölben, die sich im Markt Berchtesgaden befinden.
Nach der Ausreifungszeit werden gewöhnlich drei bis vier Jahrgänge ausgemischt,
um eine gleichbleibende Geschmacksrichtung des Enzians zu erlangen.

Die Herstellung

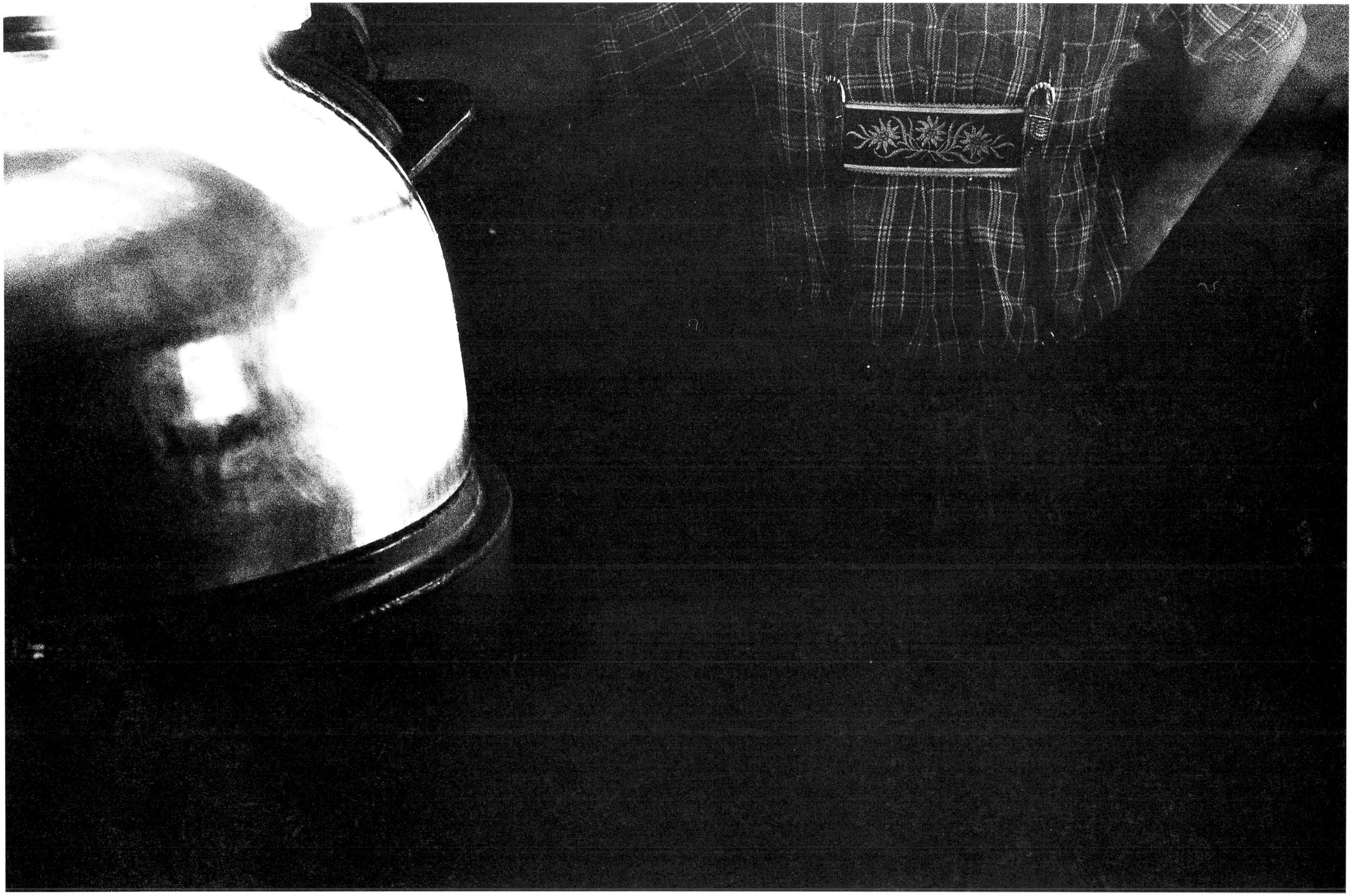

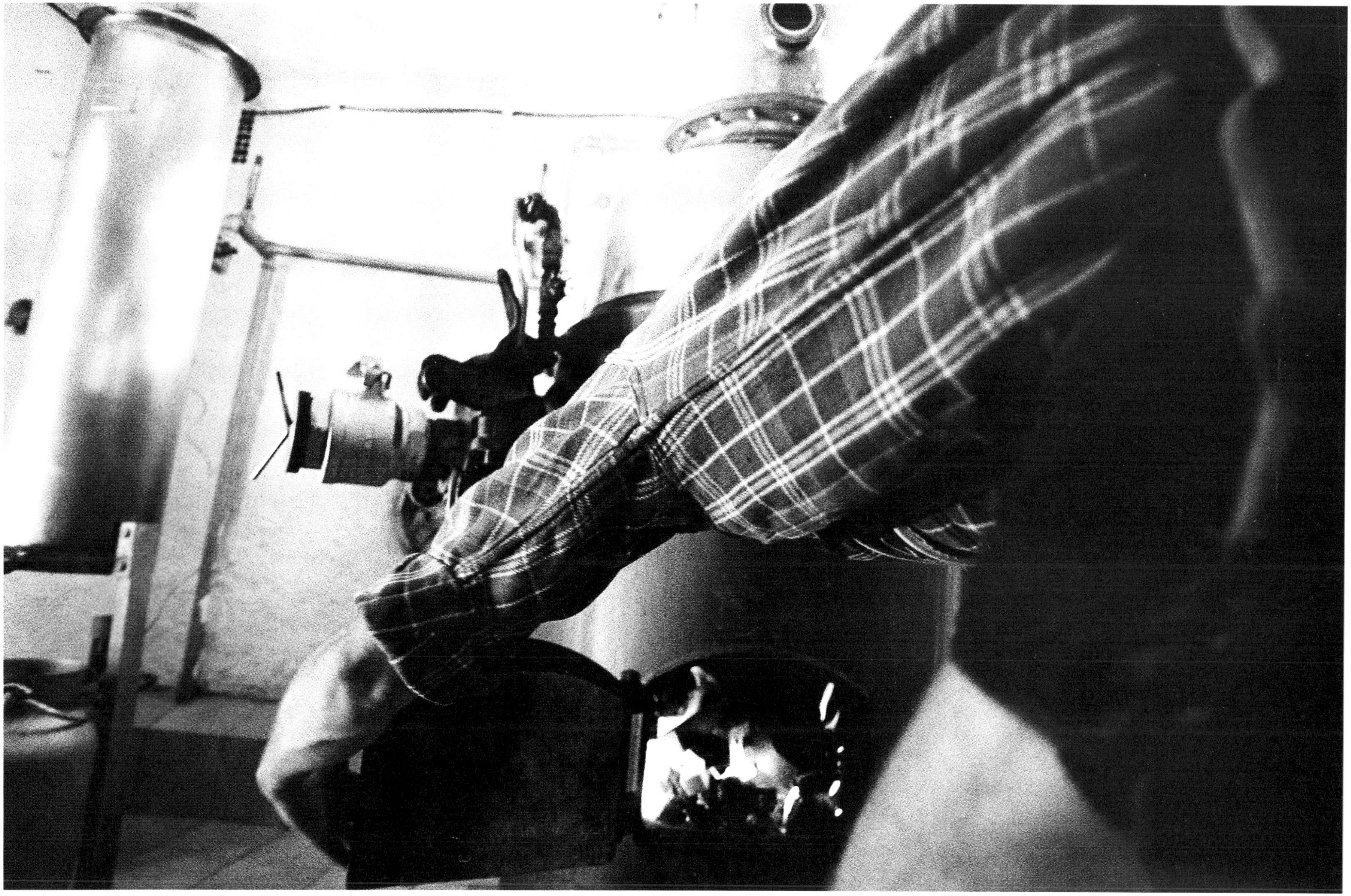

Es war wohl der ungewohnte Alkohol gewesen,
der ihn zu solchen Gedanken veranlaßte,
aber sicherlich auch war diese alte Hütte,
in der seit jeher dies außergewöhnliche Handwerk ausgeübt wurde,
beseelt von dem Klang ewiger Dauer und der Sphäre sanftester Entrücktheit.
Die Sonne war längst in feurigem Abendrot aufgegangen,
als Wanderer und Brenner wieder in brüderlicher und zuweilen lustiger Zweisamkeit
draußen am großen Holztisch den Feierabend genossen,
mal schweigend dem nahen Plätschern des Quellwassers lauschten,
mal in einer regen Unterhaltung die Zeit vergaßen,
und als zu guter Letzt der alte Brenner eine Geige aus der Stube holte
und leidenschaftlich wunderschöne alte Melodien in die klare Nacht hinausspielte,
kam es, daß der Wanderer der Einladung des Alten folgte
und in der Brennhütte sein Nachtlager aufschlug.
Die Gesellschaft des bedächtigen und zufriedenen Brenners,
der, anders als er, wußte, wo er hingehörte,
der mit diesem Land so verwurzelt war, wie die Früchte,
die er erntete, hatte ihm wohl getan.

Der Enzian wird bereits in dem berühmten Kräuterbuch des Hieronymus Bock aus dem Jahre 1539 als die "allergebreichlichst wurtzel in Germanien" bezeichnet. Als Allheilmittel fand der Enzian bei Pest, Gicht, Fieber etc. seine Verwendung. Heute werden Enzianpräparate bei Appetitlosigkeit, Verdauungsschwächen, chronischen Magen- und Darmerkrankungen, subaziden Gastritiden und in der Rekonvaleszenz verabreicht. Als belebendes Mittel wird Enzianschnaps bei Kollapsen und Ohnmachtszuständen empfohlen. Die die Magensaftproduktion anregende Wirkung dieser Pflanze beruht auf den glykosidischen Bitterstoffen Gentiopokrin und Amarogetin, dem bittersten Naturstoff überhaupt. Der wohltuende Einfluß kommt wegen einer gewissen Latenzzeit am besten zur Geltung, wenn der Enzian 30-60 Minuten vor der Mahlzeit eingenommen wird, ein Stamperl nach dem Essen schadet aber auch nicht.

Das Heilmittel

Glückselig und leicht berauscht von dem klaren Brand mit dem wurzeligen,
erdigen Aroma fiel er in einen tiefen, ruhigen Schlaf.
Allzulange war er heimatlos gewesen.
Sein Leben war das unermüdliche Suchen nach Einklang mit sich gewesen,
ein rastloses Wandern ohne rechts Ziel. Doch fühlte er, daß es ihn hier droben
auf der Priesbergalm noch etwas halten würde.
Der Brenner war ein freundlicher Mensch,
der Hilfe und etwas Gesellschaft gebrauchen konnte.
Arbeit hatte er ohnehin nie gescheut,
und die Landschaft der Berchtesgadener Alpen war gerade nach seinem Geschmack.
So machte er sich am nächsten Morgen mit seinem neuen Freund auf,
um nach den meterlangen,
armdicken Wurzeln des wildwachsenden gelben Enzians zu graben,
dessen Blüten weit sichtbar,
hoch und leuchtend aus den Almwiesen herausragten.

Im Mittelalter waren die großen Enzianarten im gesamten Alpenraum weit verbreitet. Da sie häufig auf den Viehweiden in großen Mengen wucherten und als Unkraut betrachtet wurden - das Weidevieh lehnt den Bitterstoff im Blattwerk ab - erfüllten die Wurzelgraber nicht zuletzt die Aufgabe von "Almputzern". In Deutschland stehen die Enzianwurzeln heute unter strengem Naturschutz. Das Graben der Wurzeln ist nur noch im Berchtesgadener Land aufgrund eines alten Rechtes der Enzianbrennerei Grassl möglich. Dies wird seit dreieinhalb Jahrhunderten mit dem System des Wechsels von Nutzung und Schonung der Enziangebiete durchgeführt. Die Enzianwurzeln werden im Spätsommer, nachdem die Pflanzen ausgesamt haben, gegraben. Die Wurzelstücke, die im Boden zurückbleiben, haben dann eine jahrelange Regenerationszeit, während das Grabgebiet in Ruhe gelassen und andernorts geerntet wird.

Die Enzianvorkommen

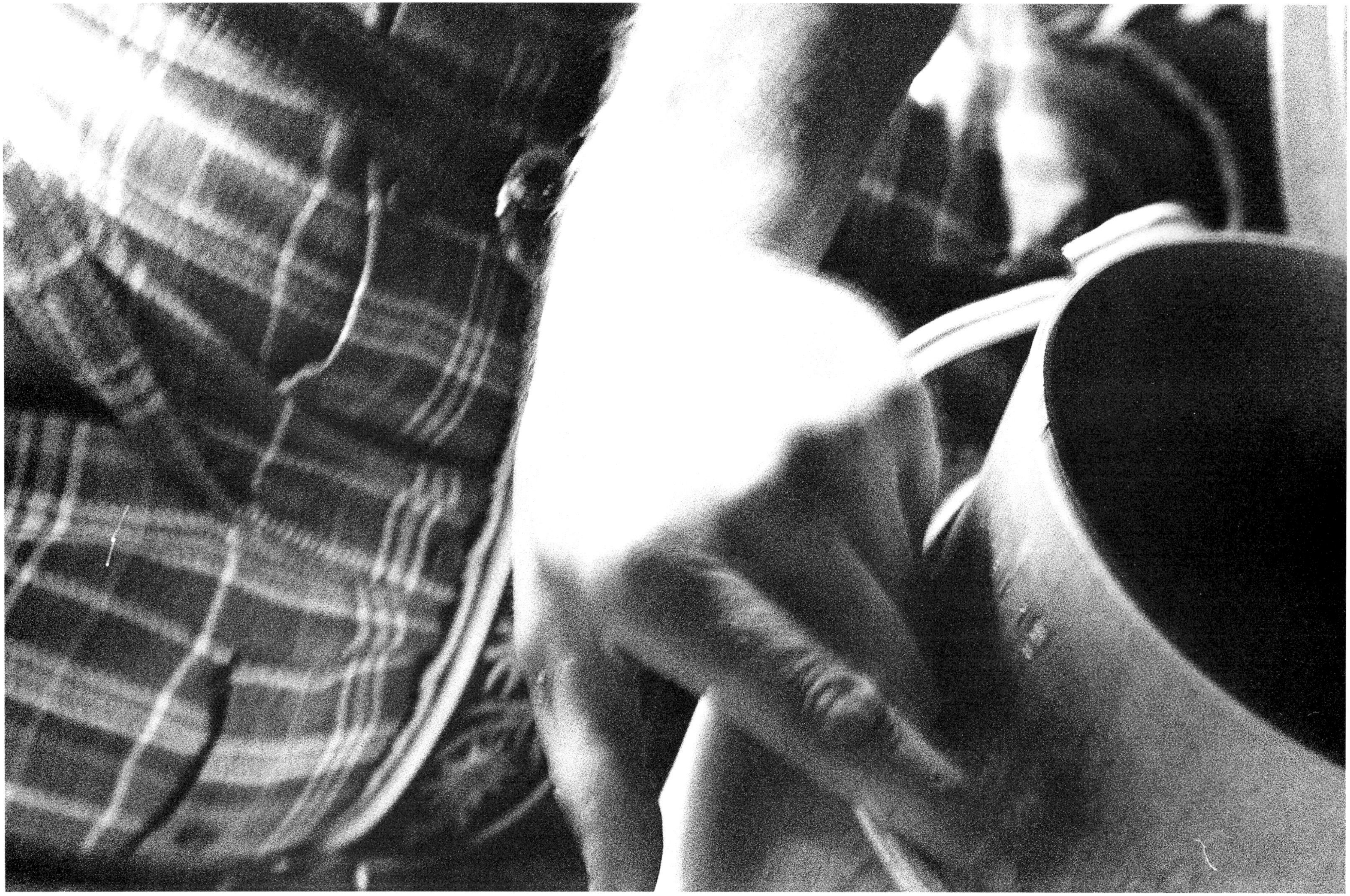

Der durch zunehmendes Interesse an dem wohlschmeckenden Destillat wachsende Bedarf an Wurzelmaterial konnte auf Dauer nicht ausschließlich aus den wildwachsenden Beständen gedeckt werden. 1929 verbrauchte die Enzianbrennerei Grassl noch ca.100 Zentner Wurzeln jährlich. Zur Zeit werden in der gesamten Bundesrepublik etwa 1.000 Tonnen Enzian Wurzeln verbraucht. Der Bedarf soll nach neuen Schätzungen auf 2.000 Tonnen ansteigen. Die Enzianbrennerei Grassl betrieb deshalb mit dem Lehrstuhl für Gemüsebau der Technischen Universität München/Weihenstephan ein gemeinsames Forschungsprojekt zur Inkulturnahme des gelben Enzians. Zunächst wurde Saatgut von Wildvorkommen in ganz Europa gesammelt, um das beste Ausgangsmaterial zu finden. Anschließend wurde in jahrelangen Versuchen ein Verfahren entwickelt, den schwierigen Frostkeimer, bei dem von 10 000 Samen manchmal nur einer durchkommt, im flachen Land zu züchten. Inzwischen bezieht die Enzianbrennerei Grassl dreiviertel ihres Bedarfs von den rapsfeldähnlichen Großäckern im voralpinen und niederbayerischen Flachland.

Die Kultivierung des Gelben Enzians

Die Knochenarbeit störte ihn nicht.
Mit einer Holzkraxe und dem Grabersackl auf dem Rücken,
mit Pickeln und Hacken für die verschiedenen Bodenbeschaffenheiten
zogen sie in die Freiß und kamen erst am späten Abend
erschöpft mit zwei Zentner sperrigen Wurzelwerk zur Enzianhütte zurück.
Den alten Brenner hatte er in sein Herz geschlossen.
Verwandt und heimisch fühlte er sich, wenn er seinen Erzählungen lauschte.

Seit Anfang des 16. Jahrhunderts
sei seine Familie schon im Besitz der Brennrechte hier im Berchtesgadener Land,
die Wirtsleut zum Wirtshaus am Unterstein seien sie von jeher gewesen,
und jedes Jahr käme er, genau wie sein Vater, Großvater und Urgroßvater,
im Sommer hier herauf und brenne den Enzian fürs nächste Jahr.
Reich seien sie nicht damit geworden, zumal der Schnaps viel billiger sei als das Bier,
aber einen Abnehmer finde man allemal dafür, sagte er.
Gerade die hohen Herren und adeligen Gäste vom Klosterstift würden ganz gern
nach ihren üppigen Malzeiten ein Stamperl trinken.
Schließlich sei der Enzian die beste Medizin bei Magenweh,
selbst bei Fieber und Gicht würde er helfen,
und jeder Gebirgler habe halt sein Zehn-Liter-Holzfassl daheim stehen.

Wie in allen Klöstern des Mittelalters verstanden auch
im Berchtesgadener Augustiner-Chorherren-Stift die Mönche einiges von Heilkräutern
und von der Branntweinherstellung.
Im Jahre 1602 regelte der Fürstprobst Ferdinand II, Landesherr im Stiftsland,
die Brennrechte, indem er der Untersteiner Gastwirt-Familie Grassl Rechte
und Pflichten erteilte, die Almen durch maßvolles, aber regelmäßiges
Enzianwurzelgraben milchviehgerecht zu halten und Enzianmeisterwurz
zu brennen und zu verkaufen.
Zu Beginn des 19. Jahrhunderts brach auch in Berchtesgaden eine neue Zeit an.
Die Säkularisierungswelle nach den napoleonischen Kriegen hatte auch
die Fürstpropstei erfaßt: Nachdem Bayern und Österreich am 3. 12. 1800 die Schlacht
bei Hohenlinden östlich von München verloren hatten
und der französische Obergeneral Moreau am 15. Dezember mit seinen Truppen
auch in Schellenburg und Berchtesgaden eingezogen war,
wurde im Frieden von Luneville (Februar 1801) bestimmt,
daß der Großherzog von Toskana als Entschädigung für seine italienischen Besitzungen
Salzburg und Berchtesgaden - zu einem Kurfürstentum vereinigt - erhalten sollte.

Am 11. Februar 1803 unterzeichneten Fürstprobst Konrad von Schroffenberg
seine Abdankungsurkunde und Erzherzog Ferdinand sein Besitzergreifungspatent.
Nach dem dritten Koalitionskrieg kam Berchtesgaden
durch den Preßburger Frieden von 1805 als Herzogtum an die österreichische Krone,
nach dem fünften Koalitionskrieg schließlich durch den Frieden von Schönbrunn 1809
an das Königreich Bayern, das 1810 vom Land Besitz ergriff.
Berchtesgaden wurde nun nicht nur in die Verwaltungsgliederung
von Bayern aufgenommen, sondern auch mit neuen Verwaltungsprinzipien konfrontiert.
Die Familie Grassl verlor zunächst ihre Brennrechte,
bekam sie aber 1842 neu verbrieft zugestanden.

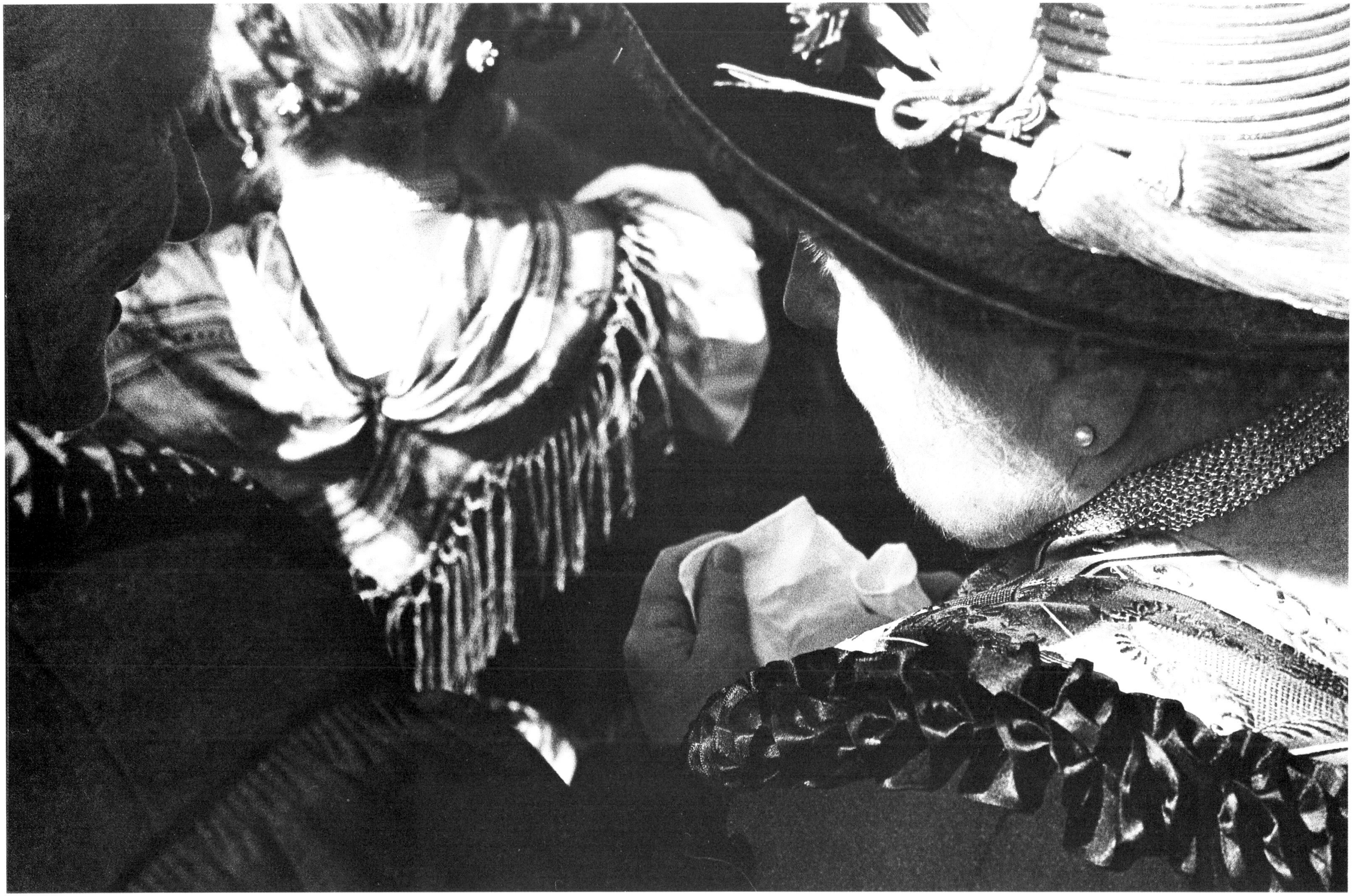

So vergingen Tag um Tag, und es war ihm, als würde es hier droben keine Zeit mehr
geben. Wenn nicht der kommende Winter schon zu spüren gewesen wäre,
hätte unser einst so rastloser Wanderer gar nicht mehr ans Weiterziehen gedacht.
Aber in ein paar Tagen würde die Familie des alten Brenners heraufkommen
und mit ihm den fertigen Feinbrand auf Esels- und Mulirücken ins Tal hinunterbringen,
und er dachte bei sich, daß er bis dahin noch warten werde,
um erst dann seine Reise in Richtung Süden fortzusetzen.
Er blickte in die feuchte Abenddämmerung dieses Spätherbstes,
und er wurde nicht müde, sich zu wundern, was für ein Zauber wohl auf diesem Orte
liegen mag, daß ihm das Fortgehen so schwer fällt.
Wenn neben ihm der alte Brenner auf seiner Geige musizierte oder
die alten Berchtesgadener Lieder sang, fügten sich seine Melodien so sehr in das Idyll
der vor ihm liegenden Landschaft, daß dem Wandergesellen die Antwort
auf all seine Fragen nicht mehr schwer fiel.
Eine große Seelenruhe überkam ihn, und Glück erfüllte sein Herz.

Eine höchst interessante Erscheinung in der musikalischen Welt ist die Bauernfamilie Franz Grassl aus Schönau, königliches Landgericht Berchtesgaden, welche schon im vorigen Jahre den Münchnern manch freundlichen und genußreichen Abend bereitete. Es ist in der That ein herzergreifender Anblick, den schlichten Landmann in der Mitte seiner 6 Kinder, von denen das älteste 14 und das jüngste 4 Jahr alt, stehen zu sehen und mit diesen die schwersten Musikstücke aufführen zu hören. Es wäre in der That überflüssig, zum Lobe der Graßl'schen Familie noch etwas zu sagen, da ja ohnedem alle in- und ausländischen Blätter die außerordentlichen Talente dieser Familie in den schmeichelhaftesten, aber auch gerechtesten Lobeserhebungen aussprechen:

"... Die Familie Grassl hat bis jetzt überall, wo sie sich hören ließ, den berauschendsten Beifall geerntet, und sich selbst vor Kaisern, Königen und Fürsten hören lassen dürfen, von denen sie nicht minder mit den untrüglichsten Zeichen der allerhöchsten und höchsten Zufriedenheit beglückt wurden. - Die Zirkel, in denen sich unser wackerer Grassl mit seiner Familie hören ließ, waren jeden Abend mit Zuhörern überfüllt; ..."

aus: Bayerische Dorfzeitung Nr. 20, München, 14. Februar 1835

Die Musikerfamilie Grassl

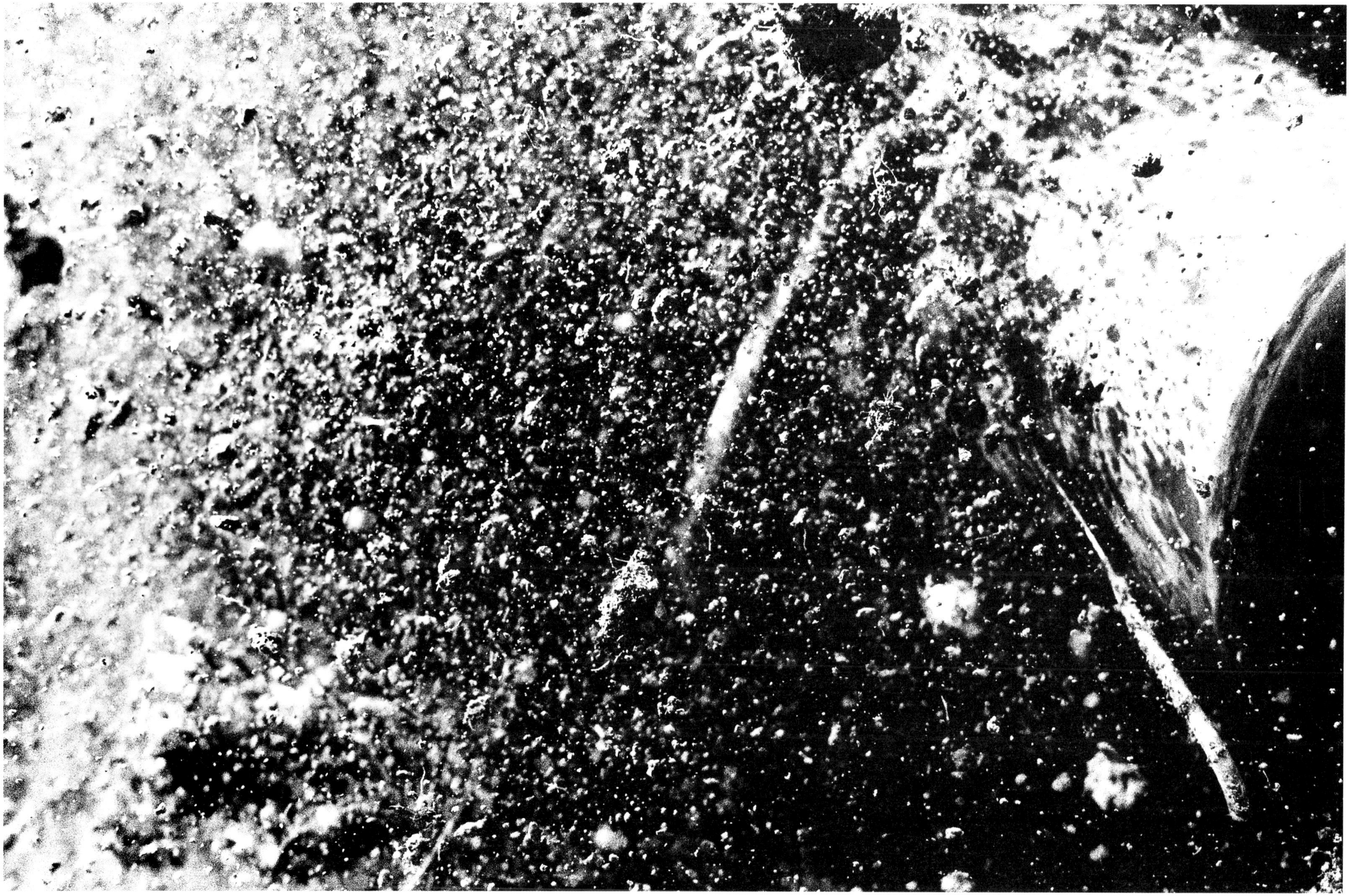

Auch der Brenner war als Kind mit seinem Vater viel herumgekommen,
auch er hatte viel gesehen in seinem Leben, doch hier war er immer zu Haus gewesen,
gereist waren sie nur aus der Not heraus.
Durch die Säkularisation des Berchtesgadener Klosters war es
fürs erste aus mit einem wichtigen Abnehmerkreis für den Enzian,
und als Berchtesgaden nach einigen Wirren zum Königreich Bayern kam,
verfielen auch die uralten Brennrechte der Bauern.
Sechzehn Jahre lang stritt sich der Vater des alten Brenners mit den Beamten
der Königlich-Bayerischen Residenz,
bis er die Rechte dann doch wieder neu zugesprochen bekam.

Während dieser Zeit mußte er sich eine andere Einnahmequelle suchen,
und so begann er mit seinen Kindern zu musizieren.
Alle spielten sie mehrere Instrumente, dazu wurde gesungen und gejodelt.
Zu festlichen Anlässen spielten sie vorerst in der eigenen Wirtschaft,
dann auch bei anderen auf. Später unternahm die musizierende Familie
sogar Gastspielreisen, erst nach München, dann Wien,
wo sie vor der Kaiserin spielten und sogar nach Paris, Venedig, Padua.
Überall hatten sie ihre eigene Equipage sowie einen kleinen Wagen dabei,
in dem er und seine jüngeren Geschwister Platz fanden
und der von zwei Rappen gezogen wurde.

Dreizehn Jahre war er damals alt,
sagte der Brenner, und er könne sich noch gut an alles erinnern.
Weithin bekannt seien sie gewesen, und eine Menge Geld hätten sie verdient,
aber trotzdem sind sie arm nach Hause zurückgekehrt,
weil sie von einem Impressario betrogen worden seien.
Das sei ihnen aber egal gewesen, froh , endlich wieder zu Hause zu sein,
und ihren Schnaps brennen zu können.
Ob es ihn denn niemals wieder fortgezogen hätte, fragte der Wanderer den alten Brenner.
"Nein", hat er geantwortet,
"nirgends ist es so schön wie in unseren Bergen gewesen, da sind wir halt daheim. "

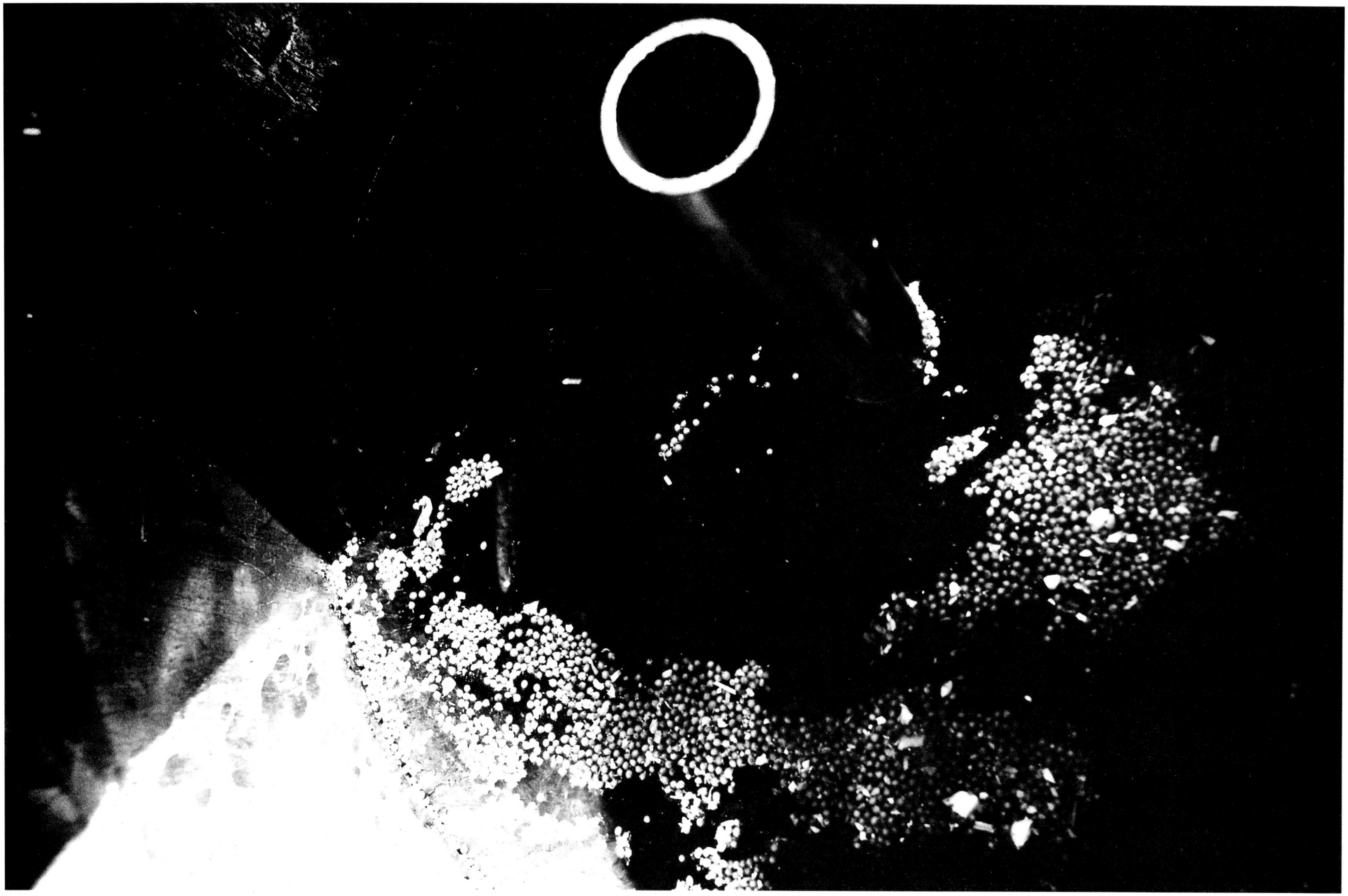

Diese Worte drangen nachhaltig in das einsame, rastlose Herz des Wanderers.
In der Erkenntnis dessen, was ihn zu dauernder Suche zwang,
ergab er sich einer schweigenden Traurigkeit.
Am nächsten Morgen brach er früh in Richtung Süden auf,
noch einmal warf er einen letzten Blick auf jenen Ort,
der ihm wie kein anderer lieb geworden war.
Erfüllt von tiefer Dankbarkeit verschwand er in der Stille des hohen Tannenwalds.
Lange sah ihm der alte Brenner nach.
Er wird heute noch ins Dorf zurückkehren, um dort seinen Enzian
für Jahre in Eschenholzfässern einzulagern,
dann wird er den Winter mit seiner Familie verbringen, sich um das Vieh kümmern
und in seiner Wirtschaft den Brand verkaufen.
Nächstes Jahr wird er wieder hier heraufkommen, so wie stets.

Type AVTA

SEIT
ÄLTER
ZEIT

Mit der Belegschaft von rund 100 Arbeitnehmern ist die heutige Enzianbrennerei Grassl
eine der größten Firmen im südlichen Landkreis Berchtesgaden.
Die Enzianproduktion findet nach modernster Brenntechnik im Betrieb Unterau statt.
Flaschen aller Arten und Größen, alpin gestaltet, zum Teil handbemalt, werden gefüllt,
etikettiert, verpackt und weltweit ausgeliefert.

Die heutige Enzianbrennerei Grassl

Enzian 42% vol
Stückzahl !!

Im belleville Verlag erschienene Bücher von Christof Leistl:

Werkstattkino ISBN 3-923646-32-1

Belfast ISBN 3-923646-56-9

Bruxelles ISBN 3-923646-57-7

Fraunhofer ISBN 3-923646-65-8

Käptn Schlimmi schifft ins All ISBN 3-923646-63-1

Christof Leistl bei belleville